正向教養
必修課

U0043908

AIDER SON ENFANT À
BIEN DORMIR

打好睡眠基礎

30條黃金守則，
建立2～8歲孩子的安全感和生活規律

菲德莉克・寇爾・蒙太古 著
Frédérique Corre Montagu

克蕾蒙斯・丹尼葉 繪
Clémence Daniel

張喬玟 譯

打好睡眠基礎

30條黃金守則，
建立2～8歲孩子的安全感和生活規律

目錄

序言

孩子快睡吧……睡著的孩子真是太可愛了！一副毫無防備的模樣。肥嘟嘟的臉頰任人親吻，長長的睫毛輕輕顫動，平靜深沉的呼吸聲……我們心中的天使不就是這副模樣？問題是我們的小天使到了睡覺時間，反倒像小惡魔，動個不停，更別說睡覺了。何況不是只有晚上才如此！白天睡午覺也一樣。

孩子睡眠障礙的理由多不勝數，依年齡、性格、生活環境，以及發育階段而有所不同。或者，可能是身為父母的你養成了壞習慣，害自己分身乏術，掉入小鬼靈精的陷阱裡，他們為了晚睡幾分鐘，或因為喜歡你在凌晨三點鐘過來抱抱他，可是會愚弄自己的爸媽哦。

孩子的睡眠問題就跟佩內洛普的織毯*一樣，周而復始。我們自以為跨過了一道難關，找到了解決辦法，制訂了一套強而有力的規範，可是來了一點小麻煩、壓力或令人生氣的事，整件事就又要打掉重練。

讓我安慰你一下吧，要知道，孩子有睡眠問題的家長多得很，不是只有你一個。你不信？你覺得別人家什麼事都進行得一帆風順，像是「噢，我家孩子晚上時間一到，就自己去睡了，還睡得又香又久，直到早上八點呢！」胡扯！兒科醫生阿諾・費斯朵夫（Arnault Pfersdorff）說，事實上，七歲以下兒童，其中有百分之三十有睡眠障礙的跡象。具體來說，這表示晚上需要辛苦對付孩子，或感到束手無策的家長，不是只有你而已。知道這件事，心裡有好過一點了吧？

> **切記**
>
> 七歲以下兒童
> 大約有三分之一有睡眠障礙。
> 原因很多，
> 而且會因孩子的年齡而異。
> 養成好習慣永遠不會太遲……
> 但只要一點點小事就可能功虧一簣。
> 為了「贏得這場睡眠戰爭」，
> 你一定要積極，保持耐性，
> 堅持不懈。

---

* 佩內洛普（Pénéloppe）是希臘神話中奧德賽的妻子。奧德賽在特洛伊戰爭取勝之後的歸途中，屢經劫難，二十年未還。美麗且忠誠的佩內洛普面對諸多別有用心的追求者，便說當她織完一大張可以包裹她公公屍體的毯子才能再婚。她白天織布，晚上悄悄拆掉織好的部分，藉以拖延婚事。（編按：本書隨頁註釋皆為譯者註。）

既然已經判定孩子毀掉你的夜晚，就必須要為孩子身心的幸福，外加你自己的幸福，去進行補救。其實只要你夠積極，要重建睡眠的秩序永遠不嫌遲。如果你正在讀這幾行字，代表你確實動力滿滿。

　　準備好來幾場大演練了嗎？開始囉！複習完基本原則之後，要（重新）打好基礎，我們需要一一對付問題，才能找回寧靜的夜晚，從容處理意外，或把打亂你作息完美規劃的障礙，逐步排除。

　　如果你願意，那麼你的任務就是要教孩子如何睡個好覺，並且在最短時間內，讓家裡重享安寧，拾回好心情。

1

如何（重新）
打好基礎？

「我們怎麼會淪落到這個地步？」你追著孩子跑，要讓他睡覺的時候，不禁這樣問自己，心知肚明十分鐘後又要重新開始。我的假設不見得適切，但或許不是全無道理：你一定是一開始在某個地方就錯過了好機會，現在才會需要複習某些基本原則。例如，你知道我們把睡眠比喻成一輛火車嗎？因為火車由許多車廂組成，而且經過的時間和間隔都很規律。你知道我們每個人都有生理時鐘，人人各異，而且必須加以遵循嗎？你知道生活環境與日常活動，在睡眠品質中扮演很重要的角色嗎？你知道我們可以教導孩子獨自平靜入睡嗎？

是的，沒錯，這些你都有印象，只是忘記了。不過，如果想幫助孩子平靜入眠到天亮，就得從這裡開始。

為什麼睡眠很重要？

如果成人不必睡覺，一切就會簡單多了！我們會有更多的時間享受生活，和孩子相處，而不必每天晚上大吼大叫，要他去睡覺。可是大自然的生物學另有打算：睡眠對孩子和大人都很重要，甚至可以說攸關生死。

睡眠的重要性還需要多做解釋？我們都很清楚，歷經好幾個小時耗費體力、精神與腦力的活動，睡眠能幫我們充電。因此，度過片刻不得閒的一天之後，到了晚上我們就累癱了，彷彿用盡電力。

這是真的……不過只對了一部分。因為對孩子來說，睡眠在生長發育、心理發展，尤其是健康上，發揮著重要作用。讓我們詳細來看這一點。

對生長發育不可或缺

大腦在深睡期（見第 12 頁）會分泌發育荷爾蒙，它會刺激骨頭伸長，還能合成對肌肉之生長、增強及恢復必要的蛋白質。此外，發育荷爾蒙有助於修復損壞的組織及細胞。

對大腦的發育也不可或缺

睡眠能合成一個個蛋白質，接起一個個神經元，讓大腦發育，（重新）組織它的「接線系統」，並排除累積的壓力。結果就是，孩子醒來的時候腦袋輕鬆，思緒機敏，讓他更容易明白、吸收這一天的課業。

讓孩子更健康

對身體來說，睡眠也跟空氣、水和食物一樣生死攸關，因為大腦在深睡期（見第 12 頁），會分泌刺激免疫系統的荷爾蒙，像是多巴胺和催乳素，而淋巴細胞，或我們體內的馬奇諾防線*──白血球，則是比之前更加活躍。此外，睡眠也有助於平衡腸胃機能。

要告訴孩子的
資訊小補給

身體像汽車，而睡眠就像
加進車子的汽油一樣，
讓汽車可以跑上一整天。

* 馬奇諾防線（ligne Maginot）是第一次世界大戰之後，法國為防禦德國日後來犯所修築的一道防線。

- 睡眠能幫助你專心，聽懂別人跟你說的話和請你做的事。
- 睡眠能幫助你記住別人教你的東西。
- 睡眠能幫助你解決問題，想到新點子。
- 睡眠能幫助你的身體成長，包括肌肉、骨頭和皮膚。
- 睡眠能幫助你的傷口復原。
- 睡眠能幫助你保持健康，對抗疾病。
- 睡眠能幫助你的大腦和身體為新的一天做好準備。
- 睡眠能給你活力去玩耍、學習、做各種活動。
- 睡眠有助於保持好心情。
- 睡眠有助於保持耐性。
- 睡眠幫助你與家人和朋友融洽相處。

寫寫看 ## 晚上睡不飽時，你的感覺如何？

- 我頭痛。
- 我想哭。
- 我想吐。
- 我的眼睛熱熱刺刺的。

> 和孩子
> 一起填寫。

- 我看不清楚。
- 我肚子痛。
- 別人跟我說的話，我都聽不懂，尤其在學校裡。

- ....
- ....
- ....

兒童的睡眠

我們現在穿上白袍，拿出聽診器，仔細觀察五歲以上兒童的睡眠組成，以便更瞭解睡眠的運作。附帶一提，跟成人的睡眠組成很類似喔。

睡眠火車

　　頭一沾枕就能呼呼大睡？如果真有這種辦法，那大家一定都會知道。事實上，睡眠比看起來還更複雜。首先是「入睡階段」，這個階段可以持續三十分鐘，接下來是好幾段睡眠週期，會持續九十甚至一百二十分鐘，這些睡眠週期也是由許多階段組成的。

非快速動眼期睡眠

　　非快速動眼期分成三種：淺睡期、深睡期以及熟睡期。在淺睡期中，孩子半夢半醒，還聽得見聲音。接著他越是熟睡，身體會越放鬆，呼吸變得越規律。他的面容安詳，沒有表情，眼球幾乎不會動，再也聽不見聲音。他就是在這個時候恢復體力、成長發育及整合記憶。

快速動眼期睡眠

　　孩子大腦的活動接近醒著的狀態，然而他看起來似乎睡得很安詳。這個階段會出現眼球迅速轉動，臉部表情、心跳節奏，及呼吸都比較不規律。我們稱這種睡眠狀態為「矛盾睡眠」（sommeil paradoxal），就是為了指出身體的放鬆狀態與大腦的活躍狀態之間的差異。

須知

一個「正常」的晚上，年幼孩子會有四至六個睡眠週期，也就是四到六節「火車」。

入睡期　淺睡期　深睡期　熟睡期　快速動眼期

檢查現況：孩子一個月內的睡眠狀況

日期	上床時間	起床時間	全部睡眠時間	入睡階段	睡眠品質	隔天的情緒
範例	20:00	6:30	10:30			
1						
2						
3						
4						
5						
6						
7						
8						
9						
10						
11						
12						
13						
14						
15						
16						
17						
18						
19						
20						
21						
22						
23						
24						
25						
26						
27						
28						
29						
30						
31						

不好　　　普通　　　好

生理時鐘

不必是諾貝爾獎得主，你也會注意到沒有人能整天保持巔峰狀態，包括活力、注意力、心情……等。這是一個複雜系統在調節身體的外在徵象。

二十四小時的循環

孩子跟成人一樣，很快也很自然就習慣二十四小時的循環。在這段期間內，人體會承受一些變化，有生理機能的變化（製造荷爾蒙，調節情緒，排毒，刺激免疫系統），還有肉體的變化（專注力下降，肌肉放鬆，心跳節奏變慢……）。這些變化有益於人體良好運作，因此必須加以重視。

循環節奏因人而異

上述那些變化出現的節奏會因人而異，這說明了為什麼每個人想睡覺的時間點都不一樣。要讓孩子入睡，而且睡得好，就要懂得他的生物週期以及變化，並且加以重視，這表示要規劃好他的日常生活，有固定不變的上床、起床及吃飯的時間。

如何辨認孩子的自然節奏，又如何在必要的情況下重新調整？

趁著一次週末連續假期，或是沒有預定事情要做的短假日，留心觀察孩子以及他入睡和自然醒的時間，還有他中午及晚上肚子餓的時間，記錄在第16、17頁的表格上。

須知

在孩子要上學的學期時間，
我們常常想讓他也
享受一下週末夜晚，
以為隔天他再好好賴個床可以補眠，
結果就變成很難遵守
孩子天生的生物節奏。
不幸的是，就算他賴在床上一樣久，
睡眠品質也完全不一樣。
這就是為什麼專家呼籲
無論孩子幾點上床，
總是要讓他在同一個時間起床，
這樣接下來的夜晚
他只會睡得更好！

孩子如果睡得很少

如果這些表格使你發現自己的孩子睡得很少，也不要因此恐慌，因為睡得少不代表睡不飽。事實上，重要的不是量，而是品質。換句話說，睡眠週期的淺睡期必須要短才行。你不必緊盯孩子一整夜來讓自己安心，隔天你馬上就會知道了：如果他的精神很好，那是因為他睡飽了。

孩子如果睡得很久

反之，睡很久的孩子不見得就擁有充足良好的睡眠，淺睡期漫無止境，孩子睡睡醒醒……也許他是因為睡不好，所以才需要睡那麼久。問問他。要不然，就是你把嗜睡的基因以及對床鋪的熱愛遺傳給他了，真棒！

我們的建議：

如果孩子不累，不要強迫他睡得比需要或想要的時間更久，因為最後他會討厭自己的床。

孩子的生物節奏表

想要知道孩子的生物節奏，請連續三週，每天把符合狀況的格子塗黑。你會逐漸看出一個模式來。

我的孩子中午幾點肚子餓

	1	2	3	4	5	6	7	8	9	10	11	12	13	14	15	16	17	18	19	20	21
11:30																					
11:45																					
12:00																					
12:15																					
12:30																					
12:45																					
13:00																					

我的孩子晚上幾點肚子餓

	1	2	3	4	5	6	7	8	9	10	11	12	13	14	15	16	17	18	19	20	21
18:30																					
18:45																					
19:00																					
19:15																					
19:30																					
19:45																					
20:00																					

須知

二至六歲的孩子，
每天晚上需要
約十一個小時的睡眠；
六歲至十二歲的孩子
需要九小時睡眠。

我的孩子自然入睡的時間

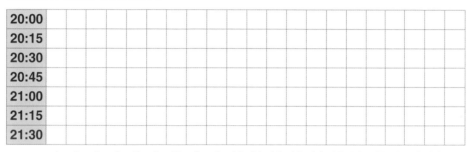

	1	2	3	4	5	6	7	8	9	10	11	12	13	14	15	16	17	18	19	20	21
20:00																					
20:15																					
20:30																					
20:45																					
21:00																					
21:15																					
21:30																					

我的孩子自然睡醒的時間

	1	2	3	4	5	6	7	8	9	10	11	12	13	14	15	16	17	18	19	20	21
6:00																					
6:15																					
6:30																					
6:45																					
7:00																					
7:15																					
7:30																					

干擾因素

睡眠是個脆弱的小東西，一點小事情就會干擾它，或是讓睡意溜走。讓我們一同繞著家裡走一圈，揪出睡眠敵人，雖然數量眾多，可是很容易處理。

晚餐

　　我們全都有過晚餐吃太油膩，因為腸胃難受而睡不好的經驗。對孩子來說也一樣。雖然週間全家人只有晚餐時間可以聚在一起，也不要因此就大魚大肉。晚餐越清淡，孩子越容易入睡。同理，不要剛吃完飯就送孩子上床，因為身體溫度在消化的時候會升高，不利入睡。飯後至少要等一個小時，不然就是提早用餐。

螢幕

　　除非住在火星，否則你一定都聽說過電子產品螢幕的壞處，也就是電腦、平板、手機和電視，而且你或許已經注意到，沉迷於電玩或平板的孩子，連你在跟他說話的時候，他都不看你。除了某種程度的刺激和上癮之外，螢幕還會發出妨礙入睡的藍光，而藍光會減緩褪黑激素（睡眠荷爾蒙）的製造。

噪音

　　如果孩子難以入睡，檢查他的房間還有家裡，找找看有沒有什麼干擾他睡覺，像是洗碗機、電視的聲音太大聲，或是老大聽的音樂音量太大⋯⋯然後試著加以改善。如果住在嘈雜的街區，試著別讓孩子睡在面向街道的房間，或是在他睡覺的時候，關緊窗戶（安裝氣密窗）。

我們的建議：

減少澱粉類，並且避免太油膩、熱量太高的食物，像是醬汁濃稠的菜色、肉及香蕉。也要禁止刺激性食物，像是糖、巧克力和含有咖啡因的可樂，特別是一天中的下半天，因為這類食物的效果可以持續很久。

傍晚的激烈活動

儘管所有專家都一致提出,規律的體能活動可以促進睡眠,但是晚上必須避免激烈運動,因為會產生腎上腺素及皮質醇,這些荷爾蒙帶來的興奮作用,會在活動結束後至少持續四個小時。結果是入睡的時間會拉得比較長,半夜醒來的次數比較多,熟睡期比較短。但不是只有運動會讓孩子興奮,當然還有電動玩具,另外特別是暴力的電影或電視節目,抑或特殊事件,像是看到意外訪客很快樂,或者聽到不幸消息很難過之類。

電磁波

電子產品透過無線網路或藍芽裝置,會發射電磁波,對某些有「電磁波敏感症」的人來說,可能會出現頭痛、偏頭痛和失眠等問題。所以,要避免把藍芽音響或手機這類會發射電磁波的電器用品放在小孩房間。可以在他們的房裡放一顆「黑色電氣石」,這種漂亮的礦石被認為能保護身體不受電磁波的不良影響,可以在販賣礦物寶石的商店或網路上買到。但請記得,要放在孩子搆不到的地方。說不定真的有用呢!

須知

其他還有一些我們不一定想得到的干擾元素,例如菸味,還有動物的毛髮,而灰塵和塵蟎會妨礙呼吸或引起過敏。所以,就算不說抽菸會危害孩子及你自己的健康,也不要在家裡抽菸,而且每天都要讓孩子的房間通風至少十分鐘。

圈起正確答案：對＝綠色，錯＝紅色

直到下午四點都可以做的活動

- 倫巴舞　　　■ ■
- 踢足球　　　■ ■
- 玩拼圖　　　■ ■
- 吃巧克力　　■ ■
- 喝可樂　　　■ ■
- 玩電動玩具　■ ■
- 摺紙　　　　■ ■
- 跑步　　　　■ ■
- 閱讀　　　　■ ■
- 使用平板　　■ ■

直到睡前都可以做的活動

- 和爸爸媽媽聊天　■ ■
- 著色　　　　　　■ ■
- 喝柳橙汁　　　　■ ■
- 抱抱　　　　　　■ ■
- 搔癢　　　　　　■ ■
- 聽柔和的音樂　　■ ■
- 準備書包　　　　■ ■
- 泡澡　　　　　　■ ■

直到晚上七點都可以做的活動

- 看電視　　　■ ■
- 玩牌　　　　■ ■
- 玩橡皮筋　　■ ■
- 跳舞　　　　■ ■
- 打枕頭仗　　■ ■
- 唱歌　　　　■ ■
- 打打鬧鬧　　■ ■
- 吃糖果　　　■ ■
- 玩躲貓貓　　■ ■
- 使用手機　　■ ■

如何為孩子的夜晚打造安心環境？

現在前往孩子的房間。為了讓孩子輕易且從容的搭上睡眠列車，踏上一段漫長而且愉悅的旅程，房間裡該具備的要項缺一不可。

降低光線

黑暗的狀態，才會分泌褪黑激素這種促進睡眠的荷爾蒙。因此到了晚上，在進行入睡儀式時，要關掉天花板的燈，打開間接照明或床頭櫃上的燈。如果你考慮要幫他擺一盞夜燈，挑選有柔和自然光的，可能的話，最好是光線強度可以變化，或是可以根據室內光線強弱而自動關閉的那種。

注意溫度！

太冷或太熱都很難睡好，因為身體必須加以抵禦才能維持體溫的穩定，即攝氏三十七度。理想的臥室溫度，應該介於攝氏十七到二十度之間。因此冬天與其把暖氣開到底，不如幫他多蓋幾條被子，他如果覺得熱就掀開，冷就多蓋一條。也要注意電暖爐，它會讓空氣變乾燥，阻礙呼吸順暢。夏天的時候，如果因為噪音而不得不時時緊閉窗戶，也

要記得在送他上床的前一個小時內，幫他的房間通通風。

天氣太炎熱的時候怎麼辦？

投資一張冬夏兩用的雙面床墊，還有一組超薄棉被，可是不要把棉被塞進被套裡，這樣孩子太熱的時候才能輕易拿開被子，同時身上還有被套蓋著。也要給他一瓶水，還有礦泉水噴霧。如果有需要，可以在他房裡放一台靜音電風扇，但要留意把風扇對著他的腿吹，而不是臉。

我們的建議：

最好購買可攜式夜燈，
而且是不會發燙的，
這樣才不怕孩子被燙傷，
然後把燈擺在離孩子床鋪
遠一點的地方，
或是靠近房門口，
這樣他半夜起床尿尿的時候
才可以拿著燈。

運用風水原則來布置孩子的房間

風水是一種古老的中國方術，有超過五千年的歷史。它的意思是「風與水」，這兩種帶來和諧的自然元素，讓大量的正面能量流通，即「氣」的流通，並帶來和平、寧靜和慰藉。該怎麼做呢？留意家具的配置、房間的形狀和顏色。

小提醒

想讓孩子對自己的房間有歸屬感，覺得待起來很舒服，就一定要按照他的喜好來布置房間，還要讓他白天在房裡待上一段時間。

- 睡眠區避免使用鮮艷的色彩。

- 歡樂繽紛的色彩留給遊戲區或書桌區。如果不想重新油漆牆壁的話，可以改用相框、圖畫或海報。

- 與其安裝光線刺眼的大燈，不如多擺放幾盞光線柔和的小燈。

- 不要用滿載回憶與情感的舊家具來布置孩子的房間。

- 床頭要朝向東邊，如果不可能，那就按照孩子的心意，因為他下意識知道什麼對自己最好。

- 把孩子的床靠在沒有窗戶的牆邊，在離門最遠的地方。

- 不要在正對床的牆上掛鏡子。

- 雖然很「好玩」也很方便，但要避免上下鋪雙層床，或是位在高處的床，或是讓孩子睡在閣樓，因為負面能量都堆積在那裡。

- 為了讓「氣」能夠自由流通，避免在牆上釘置物架及大型燈具，特別是床鋪上方。同理，床底下不要囤積任何物品，除非是乾淨的床單。

- 避免在他房間內堆滿家具、收納籃或是玩具，而且這些東西全都要放在牆邊，保持房間中央暢通。

- 經常陪他一起挑選及清掉不要的物品，讓他的房間保持清爽。

晚間慣例

晚間慣例，或者簡化來講，晚間儀式，變成每個人家庭生活中不可或缺的時光，因為它幫助孩子不慌不忙的準備夜晚的分離，並幫助入睡。每個家庭有自己的晚間慣例，時間或長或短。

為什麼晚間慣例那麼重要？

　　孩子到六、七歲才會有時間觀念，在他還沒有時間觀念的時候，晚間慣例是一個參考依據，提醒他們很快就是上床時間，所以要睡覺了。不過晚間慣例的作用不只如此。對各個年齡的孩子來說，晚間慣例也可以做為基準點，讓他們心平氣和，特別是他們在學校過了漫長的一天，學了一大堆東西，心情既快樂、亢奮，又緊張、焦慮，有時充滿疑惑……

讓晚間慣例發揮效用的訣竅

　　一個慣例能發揮效用的訣竅有兩個：「始終如一」與「規律」。這表示同樣的習慣，要在每天晚上同一時間，按照同樣的順序進行，讓孩子的身體養成習慣。他會因為慣例中的每一個步驟，例如這個動作和那個活動，不自覺的設定自己，然後自然而然的平靜下來，準備入睡。

小提醒

「始終如一」和「規律」這一對組合，還有一個優點，就是為父母建立良好的習慣。如果慣例有用，按照節奏，而且在選定的時間內執行，就沒有理由改變。因此他們跟孩子說「現在該上床睡覺囉」的時候，心底是沒有一絲懷疑的。孩子也會感覺得到。總而言之，對全家人來說，什麼時候上床睡覺，變成一件不言自明的事。

每個人有自己的慣例！

　　上述所言，並不是指每個人都要嚴格應用同一套慣例。在每一個家裡，不管是父母、祖父母、叔伯舅和姑姑阿姨……，都有自己的慣例。不管去哪裡，孩子都不會無所適從。晚間慣例也必須隨著孩子的年齡變動，而且需要孩子同意。

晚間慣例

和孩子一起細讀以下範例，或是找其他例子，來訂立你們的晚間慣例。

- 你靜靜的刷牙、洗臉或泡澡，也就是說不要跟兄弟姊妹打水仗。

- 別人事先提醒你，很快就是上床的時間了。

- 你在房間裡安靜的做一項活動或是遊戲，例如閱讀、拼圖、畫圖、著色……

- 刷牙。

- 你去尿尿。

- 我們關上護窗板，拉下百葉窗或是拉上窗簾。

- 我們關掉大燈。

- 我們唸一篇簡短的故事，或是長篇故事中的一個章節。

- 我們跟對方說三件當天發生在我們身上的好事。

- 我們緊緊的抱你一下。

- 我們跟你的玩偶說晚安。

- 我們唱一首簡短的歌。

- 你聽一下柔和的音樂。

- 我們打開夜燈。

- 我們做一點放鬆體操。

- 我們去拿安撫娃娃。

- 我們用力的親彼此一下。

須知

晚間慣例是由睡前的一些行為和活動所組成，也包含了睡前儀式。睡前儀式要在孩子睡覺的時間，在他的房間進行，而且一定要依照同樣的順序，進行十至三十分鐘。

- 我告訴你：「親愛的寶貝，晚安。做個好夢喔。」

- 換爸爸或媽媽過來跟你說晚安。

- 我們關掉你的床頭燈。

- 我們打開夜燈，把它放到門口旁邊。

- 我們離開的時候會留一點門縫。

如何教他自己睡覺？

除了晚間慣例要始終如一，有時候也應該加上恆心與堅決，來教導孩子一項對他和你的幸福都很重要的能力：自主能力，就算他一個人獨處，這個能力也可以幫助他有安全感。

讓自己心態正確

承認吧，晚上和孩子擁抱的時候，你也捨不得放開他，尤其是整天下來很少看到他。問題是孩子可以憑本能感覺得出來，並利用父母「捨不得放開」的心情。要讓晚間安寧，甚至持續一整夜，你和伴侶必須態度強硬，並且堅信有必要讓他自己一個人入睡……

該遵循的步驟

要深信孩子有自己入睡的能力。換句話說，不要延長儀式，超過必要的時間，也不要在他房間待到他睡著。如果孩子怕自己無法入睡，可以跟他說睡眠火車就快要來載他的故事，或是睡仙*就快要來了。建議他抱著安撫娃娃或是填充玩偶，等火車或睡仙來。如果你看

起來對自己說的話很有信心，他也會知道。

不要有例外

要讓孩子學會自己睡覺，一定要讓他在心理及生理上習慣這個想法。因此只要稍微破一次例，都會一下子摧毀你的努力。「就這麼一次」很快就會變成常例，所以請堅強起來，抵抗這種小失誤。

> **小提醒**
>
> 依據你們自己的標準來行動，不是其他人的，不要去抄襲或是複製不適合你們的模式。別管別人憂傷的眼神或憤怒的批評！最重要的是團結一心！

---

* 睡仙（sandman）是歐洲童話人物，會撒沙子在人的眼睛上，讓他們入睡。

快速從容入睡的小祕訣

輪流用兩邊鼻孔呼吸

要讓孩子晚上重新入睡，可以教他這個簡單的深呼吸技巧：

- 用右手拇指壓住右邊的鼻孔。
- 用左鼻孔輕輕吸氣，鼓脹起你的肚子，像汽球一樣。
- 用右手食指壓住左鼻孔，並且輕輕用右鼻孔吐氣，讓肚子像汽球一樣消氣。
- 右手食指繼續壓住左鼻孔，用右鼻孔深深吸氣。
- 右手拇指壓住右鼻孔，用左鼻孔吐氣。
- 如果你感覺很舒服，想做幾次就做幾次。

為什麼這麼做會有用？這是瑜伽的一種呼吸法，可以幫助放緩心跳，放鬆肌肉，平息亂糟糟的思緒。

其他可以幫助他平靜入睡的小祕訣

- 用拇指和食指按摩耳垂，輕輕往下拉。

為什麼這麼做會有用？因為耳垂是許多穴道的中心。

- 閉上眼睛，想著一個你喜愛或是讓你覺得舒服、放鬆的地方。專注在這個畫面上。觀察每個細節，彷彿你就在那裡，在那裡散步。如果你想到其他東西也沒關係。你驅趕雜念，好像風吹走天空的雲那樣，然後回到那個地方。

為什麼這麼做會有用？因為身心相連，如果我們想像自己很放鬆，我們就會放鬆下來。

- 輕輕哼一首歌。

為什麼這麼做會有用？因為哼歌對神經系統的鎮定效果跟深呼吸一樣好。

小提醒

孩子晚上一個人睡覺時，
半夜同樣也能自己再入睡，
當然除了壓力太大和生病
這種特殊狀況以外
（請見第二及第三章）。

打好基礎的十條黃金守則

讓我們回顧前面的內容，並且深入幾個重點，以便妥當準備，充分掌握，好繼續進行接下來的章節：處理個別情況。

1. 讓孩子對自己的房間有歸屬感

為了讓孩子覺得待在房間裡很舒服：

- 讓孩子表達對房間布置的意見，例如根據風水的原則（見第 22 頁），讓他選擇畫框、牆壁的顏色，或是被套。
- 不是他的東西就不要屯積在他的房間，像是待乾的床單、裝著要送人的衣服的袋子、鞋盒⋯⋯
- 鼓勵他白天或晚上待在房間裡玩，可是不必強迫他，因為玩耍必須是歡樂的時光。
- 睡前協助他把玩具收進籃子或容易搆到的家具，讓空間暢通。

2. 為他創造有利於睡眠的環境

孩子有多興奮，家裡的氣氛是主要因素，會影響他們是否容易入睡。
因此從某個時間起就要減少噪音，調弱光線，關掉螢幕，還要避免太刺激的遊戲，以及孩子之間或大人間的爭吵。

3. 規律如瑞士鐘錶

孩子在一天中需要一些「路標」，一些基準點，所以很重要的是，要遵守他日常活動的時間，創造出一個重複的模式。要做到這一點，就要盡可能考慮到他的生理時鐘（見第 14 頁），決定時間表，並且嚴格遵守，特別是用餐時間、開始晚間慣例的時刻，以及上床的時間。

4. 讓孩子參與

如果你決定要重新擺設家裡，或是重新裝飾他的房間，提前告訴他，並給他幾個選擇，讓他對自己的新環境產生歸屬感。不然你們會得到與期望截然不同的反效果：孩子會感覺迷失，睡得比較不安穩。同理，如果你們決定要清理他房間的物品，跟他一起做，並且稱讚孩子，「因為你已經長大了，也許不需要這個或那個」。當然不必拆散他和他珍惜的東西，哪怕這些東西的狀態觸目驚心。如果他一口回絕，也不要堅持。明年他也許會同意。

5. 要百分百相信你做的事是對的

你比孩子更清楚什麼對他好。制定他的生活節奏，給他一些規定，就是送他一份美好的大禮：他心情舒暢而且精神飽滿，可以健健康康的長大，均衡的茁壯發展。因此，掐死那個該死的罪惡感吧。你是對的，雖然付出了巨大的代價。請深切相信，你們很快就會得到回報。

6. 態度堅定

如果你不希望每天晚上衝突不斷，就不要跟著孩子起舞。換句話說，不要屈服於要脅，像是「如果你離開房間，我就哭喔」。雖然一定會心生不安，也不要因為罪惡感湧現就讓步，想著「我那麼少看到他，為什麼不好好利用呢？」一旦找到有用的慣例，就不要違反，並且在孩子睡著之前離開他的房間。

7. 泰然處之，團結一心

再一次，要百分百相信自己做的事。如果不是，或是你開始感覺不耐煩，怒火中燒的時候：

- 深呼吸，讓自己放鬆，把注意力拉回重點上。

- 相信你應付情況的能力。

- 動作放慢。

- 跟孩子說話的時候彎下腰，讓自己跟他一樣高，直視他的眼睛。

- 不管要跟他說什麼，都先在心裡數到三。

- 用冷靜的聲音跟他說話，堅定但緩慢。

- 讓他知道你沒有在開玩笑。

如果這些都沒有用，離開他的房間，把棒子交給另一半。

8.　給自己和孩子在一起的平靜時光

與其延長儀式，享受晚上和孩子在一起的時刻，不如在他**睡覺之前，
和他共度平靜時光**，例如在沙發上緊緊相擁，或是跟他講你這一天過
得怎麼樣，而不是像殭屍一樣看電視。

9.　不要把自己的節奏硬加在孩子身上

就算是為了下班回來能看他，**也不要讓孩子熬夜**。不如試著早餐時間
在場。不然週末的時候騰出一個時段，與他共度一段寶貴時光。或是
讀半天的星期三下午跟他一起去騎腳踏車，不然就是等學校放假的時
候，反正學校常常放假。

10.　忘記別人的評論及眼光

每個孩子都不一樣。父母也是。而且，如果有什麼全世界通用的百分
百有效妙方可以讓孩子睡好覺的話，我們一定會知道。所以，對其他
人有效的方法，不見得你們家也適用……或是因為不符合你的價值
觀、你的進行方式，或者生活方式，所以不適合。所以即便很難，也
不要讓別人的眼光和批評影響到你。自己去嘗試、體驗、調整，以便
找到你自己的方法，同時當然要尊重孩子的感覺是否良好。

2

如何找回
夜晚的平靜？

如果你手上拿著這本書，是因為夜晚總是不得安寧，說難聽點則是惡夢一場：孩子不想睡覺或是一直溜下床，睡前儀式一直做不完，哭泣，演戲，沒完沒了的討價還價，晚上大吵大鬧……在接下來的內容中，你會看見最普遍的情節，還有對每種狀況的解讀、建議以及活動。讓我們一同重寫歷史吧。

一到晚上孩子就興奮得不得了

說實話，你不知道他哪裡來這麼多精力！在過完像他那樣的一天之後，你肯定累翻了，而且只想著一件事：終於可以滑進被窩，快樂似神仙。偏偏他卻不這麼想！

好好泡個澡

很顯然孩子需要放鬆。讓他在熱騰騰的浴室裡，安安靜靜泡個放鬆的澡，不要拿出會讓他更興奮的玩具。叫他想著一個美好的回憶，好好呼吸。需要洗頭髮的晚上，利用這個機會用指腹輕輕按摩他的頭。

「老調重彈」

睡前幾分鐘，放一點輕柔的音樂做背景聲音，總是同一首，最後他會下意識把這個音樂和一天的尾聲與上床時間連結起來。時間一久，他只要一聽到這個音樂，就會自然而然放鬆下來。

須知

規律運動可以幫助孩子發洩旺盛的精力，並且改善睡眠品質*。怎樣的頻率才好？一週三次，每次一小時至一個半小時。如果是非常耗體能的活動，最好不要在晚上做，因為會讓人興奮！

* 資料來源：法國國立睡眠暨警覺研究院
（Institut national du sommeil et de la vigilance）

小提醒

給孩子一個百分百天然的放鬆澡！在熱水裡泡一些薰衣草籽或椴樹葉，過濾後再把這香氣四溢的水混在泡澡水裡。

一篇好故事，然後睡覺囉！

就算孩子識字了，還是保持晚上唸故事給他聽的習慣，幫他減輕一天的亢奮。唸至少十分鐘的故事，如果可以隨著人物不同而加強語氣或改變聲音，那就更好了。看著孩子，並且問他問題，讓他參與。唸到最後，請他想像故事接下來的發展，同時提醒他越快睡著，越快知道接下來的情節！

靠呼吸法放鬆

如果你覺得晚間慣例不足以讓他平靜下來，讓他做這個練習。

- 泡完澡之後，請孩子躺在地板的毯子上，然後建議他做這個能讓他放鬆的簡單遊戲。

- 閉上眼睛，聆聽呼吸聲。

- 跟我一起從一數到二十。數的時候漸漸放慢節奏。

- 現在保持不動，不要發出聲音，閉上眼睛，聽見聲音的時候舉起手，此時你製造一點微弱的聲音，如果他在正確的時機舉起手就稱讚他。重覆五次。

- 結束前我會再跟著你呼吸的節奏，從一數到二十。

- 張開眼睛，慢慢坐起來。通常這個時候的他已經「熟成」，可以上床了，而且會很快睡著！

> ### 放鬆活動變化版
>
> 如果孩子實在太亢奮，
> 連呼吸法也沒辦法
> 讓他靜下來，
> 那麼趁他躺在地上的時候，
> 讓他做「石膏娃娃／
> 布娃娃」的練習。
> 請他深吸一口氣，
> 變得像石膏娃娃一樣僵硬。
> 聽你的信號，
> 透過嘴巴輕輕吐氣，
> 同時全身放鬆，包括腳、腿、
> 手、手臂、肩膀、脖子，
> 就好像變成布娃娃一樣。
> 閉上眼睛，
> 身體保持鬆軟的狀態，
> 直到你數到十。

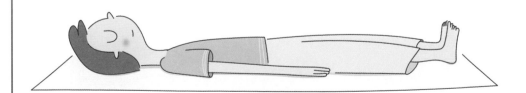

晚上他不肯上床睡覺

每天晚上都是一樣的鬧劇。孩子哪怕掛著黑眼圈，還在打呵欠，仍舊不肯上床睡覺。而且討價還價了老半天之後，還常常鬼吼鬼叫，有時甚至大哭一場。

拒絕睡覺的背後隱藏什麼原因？

孩子只是非常想繼續玩，或是和你待在一起，也不要回房間，特別是只有他一個人被趕回房間的時候。他會覺得自己被欺負、被處罰。為避免這個狀況，不要突然打斷他正在做的事情。等他結束之後，再陪他回到房間裡，同時跟他解釋，他比大人需要更多睡眠，不過這種情況會過去的。

讓他有時間觀念

孩子對時間的觀念還滿抽象的，通常要到六、七歲才有概念，所以他才會在你們宣布「該睡覺囉」的時候，流露出驚訝的表情。要幫他做好心理準備，就要謹守晚間的慣例和儀式（見第 23 頁），並且提醒他，例如跟他說「我們快要吃飯了，然後你可以靜靜的玩一下再去睡覺」，接下來是「要去睡覺了喔，你快玩完了嗎？」這樣他就沒有被騙的感覺了。

小提醒

要幫助孩子想像
離上床睡覺還剩下多少時間，
可以使用**視覺計時器**，
這種計時器以色彩來指明時間，
嬰童用品專賣店
或是網路上都可以買到。

如果是因為焦慮呢？

孩子也許會害怕一個人在黑暗中獨處。這種時候，你給他安撫娃娃之後，要跟他說你就在隔壁，讓他安心。然後讓他房間的門開著，開盞小燈，不要讓黑暗籠罩他，也要讓他聽得見你的聲音。

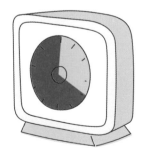

想睡覺的時候，你會感覺到什麼？

- 眼睛刺痛。
- 我的眼皮變得很重。
- 我看不清楚。
- 我需要躺下來。
- 我不斷打呵欠。
- 我走路的時候拖著腳步。
- 我常常揉鼻子和耳朵。

- 光線讓我不舒服。
- 我不想要別人來煩我。
- 我會冷。
- 我想要奶嘴或是我的安撫娃娃。

讓孩子填寫，
讓他學會辨認
以及留意想睡覺的跡象。

個人的睡眠評估，
幫助孩子理解睡眠的益處（他必須圈選正確的答案）

一週中睡得最少的一天	一週中睡得最多的一天
• 星期一　　星期二　　星期三　星期四　　星期五	• 星期一　　星期二　　星期三　星期四　　星期五
• 我睡了_____小時。	• 我睡了_____小時。
• 醒來時我的精神 1　　2　　3　　4　　5	• 醒米時我的精神 1　　2　　3　　4　　5
• 我一整天的活力 1　　2　　3　　4　　5	• 我一整天的活力 1　　2　　3　　4　　5
• 我的情緒 1　　2　　3　　4　　5	• 我的情緒 1　　2　　3　　4　　5
• 我的專注力 1　　2　　3　　4　　5	• 我的專注力 1　　2　　3　　4　　5
• 我這一天的總分_____	• 我這一天的總分_____

我最喜歡的一天：_____

無法遵守慣例的時候

有些孩子很有延長儀式的手段和辦法。所以你必須比他們更精明，要預測他們的要求，避開他們為我們設下的陷阱，才能不必三番兩次……甚至十次回到他們的房間裡。

說真的，你還有別的事要想

老實招來吧，有時候你的心思真的放在別的地方，不是還放在工作上，就是已經飄到和另一半窩在沙發上的畫面了……很不幸，孩子感覺到了，而且千方百計要抓住你的注意力：還要再一點這個，再一點那個。這種時候就要讓另一半接手，同時希望他的心思比較空閒也比較沉著！

時間已經太晚的時候

一開始只有一個故事，接著再來兩首歌，然後一個擁抱，還親了所有娃娃，而且娃娃還很多個！總而言之，孩子難以接受夜晚讓一切中斷了，所以找一千零一個藉口來留住你。要避免花一個小時跟孩子鬥法，問問自己每晚準備奉獻多少時間：十分鐘？二十分鐘？三十分鐘？接下來問孩子的意見，並從此遵守這段時限，一分鐘也不能多。

無可避免孩子的呼叫

你可以打包票，孩子一定會找到一個好藉口讓你回來：口渴、想尿尿、會冷、會熱、忘了跟你講一件事、安撫娃娃不見了……這種時候，回來做該做的事，表情嚴肅，不露聲色，並且用堅定的聲音再一次跟他說晚安。然後離開，不要抱他也不要親他。如果他再叫你，不要現身，從遠處跟他說話。

我們的建議：

一般而言，
爸爸總是比媽媽堅決，
比較不會多慮。
這樣說你就懂了吧。

預先設想孩子的需要，就不必再回他的房間

他每天晚上都會跟你要水喝：

- 在他的床旁邊放一大杯水或是一小瓶水。

他說他想要尿尿：

- 別讓他晚上喝太多水，特別是要睡覺的時候。讓他在上床之前先去尿尿。在他的床旁邊放一個夜壺，或是給他一盞夜燈，這樣他就能自己去上廁所。

他弄丟安撫娃娃：

- 請他自己去找。可以在晚餐前或是刷牙洗臉之前，先把安撫娃娃放在床上，千萬不能到最後一刻才做，免得晚上九點還要在家裡繞十圈找。

被蚊子咬：

- 記得要在睡前幫他擦舒緩藥膏。

你自己的小祕訣：

- ....
- ....

夜間守護相框

材料：

- 裝飾用木框
- 顏料、貼紙、亮片……
- 孩子選擇的你們的相片

- 請孩子按照自己的心意裝飾相框，把你們的相片放進去。接著把相框放在他的床頭邊，或者釘在旁邊的牆壁上，或者每晚在睡前儀式尾聲，就在離開他房間前拿給他看，告訴他：「就算你看不到我們，我們都會守護你。」

我們才一轉身，他就溜下床了

每天晚上都是同一個故事……你總算可以癱坐在最喜歡的扶手椅上，準備開始放鬆了，這時你感覺到背後有個人。你轉過身，迎上孩子充滿愛意的大眼睛。

確認問題的原因

試著明白為什麼他要下床。焦慮？無聊？不想睡覺？他房間裡有什麼東西讓他害怕，讓他不舒服嗎？影子？床太小或太窄，讓他覺得悶？床太大太寬敞，讓他感到迷茫？也許你們太早讓他上床了？一旦找到原因，就要從本書中收集資訊，尋找補救的方法。

採取正確的態度

就算長時間下來搞得你抓狂，也依然要保持過人的平靜。撫慰孩子，這樣孩子才不會覺得被拋棄，可是語氣要堅定，而且保持距離，一副雷打不動的態度。

換句話說，牽著他的手，但不要抱他，陪他回房間，告訴他現在是睡覺時間，不要對他笑，不要親他，不要對他溫言軟語……而且要持之以恆。

有必要的話，就讓他哭吧

是的，孩子的哭聲很令人心碎，可是要讓他改掉溜下床的壞習慣，教導他一個人入睡，有時候是有讓他哭的必要。如果你們決定應用第 45 頁說明的 CCT 睡眠訓練法或階段法，不要關上他的房門，並留下一點燈光。

> **我們的建議：**
>
> 不要拿床鋪當做威脅或處罰。
> 反之，床鋪應該是個
> 舒服透頂的窩，
> 孩子會愛去的地方。
> 而且要讓孩子覺得是他在控制，
> 給他兩個睡覺時間選擇。
> 例如：八點十五分
> 或是八點半？

給父母：開門／關門

如果你的孩子就跟很多其他孩子一樣，會請你離開後讓門開著，那就照做。可是如果他下床了，直接把他帶回房間，離開的時候把門關起來，跟他解釋如果他留在床上，你會再回來開門。當然要在五分鐘後去把門打開。如果他再爬下床，一樣：直接帶他回房間，再把門關上……如果你嚴格執行這個技巧，沒有心軟，孩子很快就會明白這個原則，不會再下床了。

讓他打發時間的建議：

* 鼓勵他想像你唸給他聽的故事後續。

* 如果他識字了，允許他在你離開之後再繼續看一下書。

* 你可以答應他聽一點柔和的音樂，可能的話，給他一張有時間限制的 CD。

* 如有必要，允許他起床玩一點安靜的遊戲。

給孩子：教他這個簡易按摩法，既能打發時間，又能讓自己平心靜氣

每次動作都在腦海裡數到六十：

* 用食指按摩：
  - 頭頂
  - 眉心
  - 一邊的太陽穴，然後另一邊
  - 人中
* 用兩隻手指頭按摩後頸凹處。
* 用食指繞著耳朵，接著換另一隻耳朵。
* 用拇指和食指揉耳垂。

第一次先示範給他看，讓他知道怎麼做。

他會怕黑

孩子在白天耀武揚威，一到晚上，等周遭都暗了下來，他就不知如何是好了。於是他呼叫你，把頭埋在枕頭下假哭，在你關燈的時候大吼大叫，要求過來和你睡。

對黑暗的焦慮

孩子在黑暗中失去所有的基準點，如果他的想像力過於豐富，他會開始想像成千上百種可怕的東西，例如床底下有怪獸，衣櫥裡有巫婆，窗簾後面躲著小偷，來偷小孩的……由於這些都跟他的精神發展有密切關聯，例如愛與恨的衝動、對拋棄與死亡的恐懼、白天壓抑但晚上大舉襲來的不愉快念頭等，因此不能小看。

> **我們的建議：**
>
> 一旦孩子安心了，就不要再回來查看一切是否安好，因為這可能會帶來反效果，讓他相信他果然有害怕的理由。

你也要坦白

告訴他，你小的時候也會怕黑。怕黑是正常的。每個他這個年齡的孩子都會害怕，長大就不怕了。在長大之前，先讀一些關於怕黑的書給他聽，除非這讓他更害怕，有時候會這樣，或是他已經太大，不讀這種書了。也要留心他讀的書、他看的電視和網站、別人在學校告訴他的事情，免得加深他的焦慮。

幾個簡單的做法

除了夜燈或是走廊上的小燈，還可以考慮「螢光貼紙」。用螢光星星裝飾他房間的天花板，或者用會隱隱發光的飾帶來妝點其中一面牆。

整體視察

藉著一個人在家的機會，用孩子的眼光去他們的房間裡繞一圈，如果可以的話最好摸黑。有出現什麼奇怪的陰影嗎？哪個洋娃娃、哪個模型人物或是填充玩偶，看起來讓人心惶惶的？你聽到什麼聲音了嗎？也要想想你小時候怕什麼……並且盡可能補救這些地方。

須知

我們沒辦法一下子就教會孩子克服對黑暗的恐懼。這需要時間、毅力，當然還要經常傾聽孩子的心聲，溫柔以對，撫慰他。

「妖怪不要來」

和孩子一起制定「抵抗妖怪」的技巧。

- 一起找出可以讓妖怪潰散的超級鬼臉。
- 建議他拍手把妖怪嚇跑。
- 和他一起發明一個咒語，立即消滅妖怪。

手影遊戲

要幫助孩子克服他對黑影的恐懼，讓他玩手影遊戲吧。

- **羊駝：**
  兩隻手緊貼在一起，手指向前，併攏。手指微微朝下，做為嘴部，接著豎起拇指做耳朵。

- **母雞：**
  十指交叉，拇指向前伸，一隻在上，一隻在下，動一動下面那隻拇指，當作雞嘴。

- **天鵝：**
  舉起手臂，彎曲手腕，然後拇指移到其餘四指之下，當作頭部。接著把另一隻手放在舉起手臂的手肘凹處，張開手指，當成羽毛。

他每天晚上都會醒來

每天晚上都是一樣的劇情。就在《傲骨賢妻》和《陰屍路》中的「性感炸彈」傑佛利・迪恩・摩根，用他天鵝絨般的眼神看著你的時候，你聽到一個稚嫩的聲音說：「媽媽，偶歲不著。」

想要再看見你們？

先停下來，客觀的思考這個問題：孩子半夜跑來看你，你怎麼反應？在床上讓出一塊空間給他，之後再帶他回房間？給他一杯水？輕聲對他說些甜言蜜語？說真的，如果你這麼做，也會讓你想要半夜溜下床不是嗎？所以別再這麼做了！

缺乏關愛？

父母晚上經常沒有時間給自己孩子足夠的關愛，特別是週間。如果你家是這樣，試著給他至少十分鐘的時間陪他玩，或聽他說說這一天過得如何。

會不會是夜驚呢？

夜驚出現在熟睡階段，也就是前半夜。它會持續大約一至二十分鐘，特徵是哭泣和喊叫，心跳及呼吸加速，也會流汗。孩子通常可以迅速入睡，而且醒來的時候不會留下任何記憶。這時候你不必驚慌，把他抱在懷裡，讓他安心就好。

 須知

六歲以下兒童大約有
百分之四十出現過夜驚的現象*，
這種現象表示孩子壓力大、焦慮。
這是大腦發育的正常階段。
但是如果問題一直都在，就要跟醫生談一談。

* 資料來源：www.ameli.fr

CCT 睡眠訓練法 *

- 在某個清閒的週六或假期，告訴孩子：「你每天晚上都要把我們吵醒，所以我們都很累。我們很愛你，可是從現在起，我們不會再過去看你了。晚上我們都要睡覺。」

- 晚上要睡覺的時候，再跟他說一遍。

- 他一定會哭，聽到他在哭的時候，至少等個五分鐘才去看他，接著安撫他，但不要抱他，用堅定的聲音重覆說：「我已經告訴過你了：晚上我們都要睡覺。」

- 很果斷的走開。

- 如果他又開始哭，等六分鐘再介入，重覆同樣的步驟。

- 下一次就等七分鐘。

- 以此類推，直到孩子睡著。

- 隔天再重覆一遍。

- 後天再重覆一遍。

- ……直到他明白你們在那裡，可是你們不會屈服，而且他完全有辦法自己再入睡。

 須知

這個方法是獻給試遍所有辦法的父母，讓他們的孩子不再沒有正當理由就半夜來找他們，所謂正當理由像是夜驚、惡夢、經過證實的真實焦慮等等。這個方法雖放任孩子哭泣，卻不會讓他們有被父母拋棄的感覺。因此你一定要有耐心，要鎮定……並且通知鄰居，讓他們不要擔心。

 小提醒

你的孩子也許缺乏自主能力？這樣的話，就給他一盞夜燈，讓他可以找到他的安撫娃娃，可以一個人去尿尿或喝水。並且教他自己入睡（見第 25 頁）。

通常三或四個晚上就可以解決了。

這個乍看很野蠻的技巧，教給孩子一件很重要的事：自主能力。這個技巧也清楚的為孩子設下界限，他會覺得很安心。

---

* 即「控制哭泣技巧」（Controlled Crying Technique）或階段法。

惡夢讓他半夜醒來

惡夢出現在孩子二至三歲的年紀，也是他們開始學一大堆東西的時候，例如自我表達、分享、服從、變得自主、過團體生活、接受約束、協商等等。

長大可不容易！

孩子既想留在嬰兒時期，又渴望長大，左右為難。而且他們還要面對各式各樣的焦慮、內心衝突、欲望、挫折和疑慮，更是火上加油。這一切全都在晚上化為惡夢爆發出來，以減輕他們潛意識的負擔，這是一件好事。最不好的是孩子半夜起來叫你。

怎麼辦？

雖然很難，還是要起床，過去孩子的床邊，多多擁抱他，親吻他，讓他放心。接著：

1. 告訴他做惡夢是很正常的，每個人都會做惡夢，連你也會。

2. 請他跟你說說他的惡夢，告訴他把惡夢說出來，可以將惡夢從腦中清除。

3. 提醒他某個美好回憶，或是某件他等得迫不及待的事情，讓他換個想法。

4. 給他天然的「鎮定劑」，像是他的安撫娃娃、他最愛的填充玩偶等，並打開一盞小燈。

5. 離開時提醒他你都在這裡，什麼事都

不會發生。

6. 隔天早上稱讚他自己順利入睡。

這個做法的目的是讓孩子安心，並教他自己重新入睡，同時也是不讓他習慣夢到一點點不愉快的事情，就過來睡你們的床，這點很重要。

惡夢不斷的狀況

孩子如果接二連三做惡夢，通常是焦慮的徵兆，譬如生命中出現了重大的改變，如搬家、分離、生病……，或是和朋友、老師等人的關係不良有關。這時候就要試著跟他談一談，問他幾個問題，讓他安心。你也可以諮詢醫生的意見。

小提醒

孩子很難分辨現實與惡夢裡的景象
兩者之間的不同。
這就是為什麼我們要跟他們解釋，
惡夢只是腦海中的影像而已，
如果我們很強烈的想其他的事情時，
這些影像就會消失。

讓他降伏他的惡夢

- 在他的床上方吊一個捕夢網（dreamcatcher），或是幫他做一張「捕惡夢網」（見下文）。

- 拒看讓他害怕的動畫卡通，像《獅子王》就嚇壞了不只一個孩子！而且他在場時，避免看新聞或劇情暴力的影片，以免幫惡夢添油加料。

- 讀一些關於這個主題的書給他聽，最好選在大白天，讓他窩在你的懷裡，他會感覺自己強悍許多。可是這一招不會每次都見效，如果你注意到這麼做害他更加焦慮，就換一本書，或是別的策略。

須知

一至八歲的孩子很常做惡夢，惡夢通常出現在後半夜，即快速動眼期（見第 12 頁）。每個孩子都會做惡夢，就算是世界上最快樂的小孩也一樣。這是他們發育的一個自然階段。

捕惡夢網

材料：
- 漂亮的小東西，其中很多是屬於你們的：一只舊戒指、一顆小石頭、一根羽毛、一顆彩色大珠子……
- 一張 20x20 公分的彩色絹網，或透明薄紗
- 一條 1 公分寬、30 公分長的緞帶

- 把小東西放在絹網中央

- 包起來，再綁上鍛帶

- 在孩子面前，往補惡夢網吹三下，同時說：「透過我吹的氣，我賜予你摧毀惡夢的力量。」

- 把它塞進孩子的枕頭下面。

他會夢遊

那天晚上，你迎面撞見孩子，差一點被他嚇出心臟病。他正在浴室裡翻抽屜，嘴巴說著：「你知道，我的東西……嗯……我的……」他的眼睛雖然張得大大的，可是他的心顯然在很遠、很遠的地方。

這個畫面非常震撼，可是沒關係

在入睡後的一至三個小時，你看見孩子現身，面無表情，雙眼圓睜。你問他為什麼起床，他想回答，卻不知道該怎麼說，說得含糊不清，這是因為他的思緒朦朧。你目睹的正是夢遊的現象！

該怎麼反應？

像沒事一樣。千萬不要叫醒他，因為可能會嚇到他，甚至讓他大發雷霆。不要惹他生氣，也不要拿問題轟炸他，最好是跟著他走，看看他在做什麼，並輕柔的鼓勵他回去睡覺。

須知

四至十二歲兒童，
有百分之十五患有夢遊症，
尤其好發在男孩子身上*。

* 資料來源：www.ameli.fr

安全措施

夢遊症只有一個危險，那就是孩子意外傷害自己。所以窗戶要關起來，外面的門也要上鎖，他行經的地方都要保持暢通，危險物品和藥物全部藏起來，就像他還是嬰兒的時候一樣。最後，打開你的房門，才聽得到發生什麼事。如果孩子必須睡在別的地方，也要記得私下提醒負責照顧他的大人。

蜘蛛人的冥想

壓力是夢遊症的主要因素之一，以下是一個會讓孩子放鬆的冥想。

小提醒

這個冥想法的目的，是幫助孩子啟動他的超能力，即他的五感，開始覺察自己的身心靈。

材料：

- 一只鈴鐺
- 一朵花
- 一樣水果，如一粒葡萄、草莓、四分之一塊蘋果……

- 請孩子盤腿坐或是躺在地上，並保持安靜。接著告訴他：

- 閉起眼睛，把手放在膝蓋上。

- 我要讓鈴鐺發出聲音囉。鈴聲聽到最後，接著把手放在肚子上。我會做三次。

- 現在，我要給你一朵花。鈴鐺發出聲音的時候，不要張開眼睛，輕輕碰花瓣。想像你有超能力，試著感覺它是光滑、堅硬、潮濕、柔軟、粗糙、厚……

- 當你聽到鈴聲，深深吸聞這朵花的味道。味道如何？淡淡的？很濃？甜甜的？刺鼻？

- 當你聽到鈴聲，張開眼睛仔細看花瓣。它們看起來如何？扁平？厚？薄？光滑？毛絨絨的？中間有花粉嗎？看看線條、顏色、小小的形狀……

- 繼續做，直到我讓鈴鐺響。

- 現在，我要給你一顆水果。在指間慢慢轉動它，用你的超能力觀察它。當我讓鈴鐺響，閉起眼睛，把它放進嘴裡。這在你舌頭上有什麼效果？

- 你聽到鈴聲的時候，就慢慢嚼水果，想像水果的汁液在嘴巴裡面流淌。這感覺如何？是甜？是酸？還是澀？接著吞下去，品嘗留在嘴巴裡的滋味。

- 現在張開眼睛吧，蜘蛛人。該睡覺囉！

如何讓他耐心等到早上？

「睡懶覺這麼美好的經驗，要二十年後才可能重溫了！」可是不能因為你的孩子每天早上六點起床，就必須放棄睡懶覺。

對大人來說，睡懶覺是需要，甚至是義務！

美國神經學家馬修・沃克（Matthew Walker）說：「我們活在缺乏睡眠這個災難性傳染病中。」這尤其要怪罪無所不在的光線，工作與私人生活的界限越來越模糊，人們越來越把睡覺跟懶惰劃上等號，譴責睡懶覺。結果我們全都處在神經緊繃的狀態，不太有時間陪小孩，更別說還有危害健康的風險，如阿茲海默症、癌症、糖尿病、心理疾病等。

允許他在某個時間開始玩

你的孩子或許屬於「少睡型」，只需要幾個小時的睡眠就夠了（見第15頁）。你真是失望透頂，能在週末睡個懶覺幾乎是你的生命所需，或者單純想慢慢開啟週末的一天而已。與其吼他，逼他再回去睡覺，不如允許他可以在某個時間開始玩遊戲，或是靜靜的看書，反正強迫他，他也不可能再睡。

注意

不要為了讓他早上有事做，就把電玩或電視留在他的房間裡，因為這只會促使他更早起床！

允許他自己準備早餐

前一晚幫他拿出碗、湯匙和他一個人也可以做的簡單食物，例如穀片、水果、早餐餅乾……也要檢查冰箱裡是不是有開封的乳類飲料，最好是植物性的，或是果汁、很容易拿到的優格。這是暫時性的解決辦法，可是效果好得不得了，還能順便往自主能力邁進一步。

讓鐘錶教他自主能力

如果孩子還不會看時間，給他一支傳統手錶，指明他可以起床安靜玩耍的時刻，還有吃早餐的時刻。紅色箭頭是小時，綠色箭頭是分鐘。

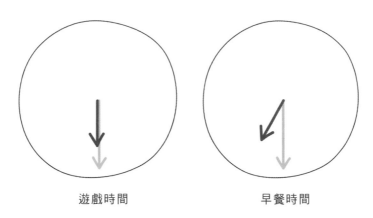

遊戲時間　　　　　　　　　　　　早餐時間

教他耐著性子等

- 在腦裡編故事。
- 用玩偶來演戲。
- 在牆壁上玩皮影戲。
- 哼哼唱唱。
- 細細回憶一件快樂的事。
- 玩拼圖。
- 玩桌遊，一個人代表所有玩家。
- 畫圖。
- 貼貼紙、著色、貼紙馬賽克、黏土⋯⋯ 總之就是不會弄髒的手工藝。
- 讀書，翻閱畫冊⋯⋯
- 聽音樂。

 須知

耐心等待促使人思考，
雖然說難聽一點就是無聊，
但更能讓他的想像力四處遨遊，
找到遊戲的點子、
解決問題的辦法⋯⋯
它也會幫助我們在任何情況下
都保持冷靜。
有這麼多讓孩子充分成長的
有用優點！

讓夜晚平靜的
十條黃金守則

1. 　心平氣和的帶孩子就寢

- 一旦決定好睡覺時間就不要違反……永遠不要……就算是你們晚歸，想看看孩子。
- 制定一個代表這天結束的慣例，然後是一個有時間限制的入睡儀式，並且嚴格執行。
- 離開他的房間之前，確認沒有忘記任何東西：奶嘴、安撫娃娃、水杯、捕惡夢網（見第 47 頁）、夜燈，讓孩子再也找不到好藉口來叫你。
- 說話的聲音要堅定而且嚴肅，因為聲音一拔尖，聽起來就像「無計可施」，你話中的分量就會大大減輕。
- 百分之百確信你做的事，堅定不屈。知道什麼對孩子好的人是你，不是他。

2. 　重整秩序

如果晚間儀式被打亂，問自己晚上幾點想要把時間留給自己和伴侶，然後調整晚間慣例的時間。有空的時候，計算你打算在接下來幾個月及接下來幾年，最多願意每天晚上和孩子一起度過多少時間，並且提前通知他，嚴格遵守。這樣一來，你會避免許多場鬧劇：不想睡覺的孩子哇哇大哭，累癱了的你大吼大叫。

3. 密切注意他的夢中世界

年幼的孩子無法區分現實，跟在夢裡或惡夢裡看見的景象。因此很重要的是：認真看待孩子對夢境的描述與感受，並且盡量讓他們安心。

4. 睡個午覺，再重新開始

晚上會興奮，有時候跟長期睡眠不足有關。看見孩子的黑眼圈，如果你認為他或許很疲勞，讓他週末睡個午覺補眠。如果他不高興，說「寶寶才需要睡午覺」，請他只要去床上躺一躺，休息就好。如果他真的很累，而且環境安靜，就會睡著。

5. 請你吃苦當吃補

五花八門的恐懼、惡夢、夜驚以及夢遊症，都會隨著年齡漸長而消失。在這段期間，盡可能別讓孩子承受壓力，並且請他在睡前練習呼吸或冥想。可是這些狀況如果出現得很頻繁、很激烈，或是格外驚心動魄，就要跟醫生談一談。

6. 滿足他的需要不表示滿足他的欲望

滿足孩子全方面的需要，包括身體、心理、生理、生物等需要，同時尊重他們的睡眠節奏，這些很重要，可是同樣重要的，是必須擁有對孩子的要求和強求說不的力量。當然，孩子不喜歡我們對他們設下界限，因為很挫折。可是在他們內心深處，這給他們一種強烈的安全感，因此帶來平靜與安寧……這些都是睡得好的關鍵因素！所以設下界限

會讓你戰無不勝，而且孩子生活規律，得到充分的休息，只會更愛你而已。證明完畢。

7. 請你做自我分析

三分之一的大人飽受睡眠障礙之苦，尤其是失眠症。有數不清的人晚上沒辦法去睡覺，因為他們有一百萬件事要做，而且覺得睡覺會浪費他們的時間。沒日沒夜賴在螢幕前的人也不知凡幾……然而，最近一項由巴塞爾大學心理系的娜塔莉 · 于飛─莫爾（Natalie Urfer-Maurer）以及英國華威大學的薩卡里 · 勒摩拉（Sakari Lemola）的團隊所做的研究，證明了孩子會複製大人的睡眠壞習慣。

這個研究提出的另一項結論不足為奇：孩子也對家裡的整體氣氛非常敏感，如噪音、壓力、爭吵等，對他們的睡眠品質會有巨大的影響。因此家裡無論發生什麼事，都要保護孩子。

8. 冥想的四條黃金守則

如果你和孩子嘗試冥想：
- 維持簡單與基本的方式，也就是説不必管什麼哲學思想。
- 與其強加一些規定給他，不如讓你自己去適應他。
- 盡可能提供他細節，訓練他的想像力。
- 經常冥想，把冥想變成一種習慣，最好在晚上做。

9. 考慮順勢療法

在拿出可能讓孩子或你自己上癮的助眠糖漿，或是其他幫助入睡的藥

品之前，先想想順勢療法吧，但是當然要先問過醫生。

孩子很亢奮：
- 呂宋果（Ignatia Amara）7CH：巨大壓力
- 纈草（Valeriana）7CH：緊張或是超級敏感
- 黃素馨（Gelsemium）9CH：恐懼或焦慮

孩子壓力纏身：
- 馬錢子（Nux Vomica）9CH：入睡困難，半夜會醒來
- 黃素馨 9CH：恐懼或焦慮
- 滅蝨草（Staphysagria）9CH：超級敏感、不安
- 西番蓮複方（Passiflora composé®）：睡眠障礙

孩子害怕獨處：
- 白砷（Arsenicum Album）7CH：夜間醒來，害怕獨自一人
- 苛性鈉（Causticum）9CH：怕黑，怕獨自一人
- 石松（Lycopodium）7CH：害怕做惡夢

孩子做惡夢：
- 曼陀羅（Stramonium）5CH

10. 去找專業人士

如果不管你多努力，什麼事也沒有改變，那就跟醫生談一談，也許他會為你指出其他的途徑：心理醫生、身心放鬆療法（Sophrologie）、眼動減敏，與歷程更新療法（簡稱 EMDR，一種輕度的催眠）⋯⋯

3

特例

現在來談談這些讓你們特別憂心的大小事件：陪睡，戒手指或奶嘴，安撫娃娃不見了，外宿，還有其他許多可能會造成災難的情節。這裡有一些訣竅、有待發掘的線索、讓孩子做的小練習，都可以幫助你和孩子！

提醒：如果對內容有疑問，或是碰到特殊的問題，當然要記得和醫生談一談。

不再陪睡

一開始只是因為讓他無法入眠的小病小痛，必須要你守護一旁，或是每天晚上讓他驚醒的惡夢，而你為了節省時間，並爭取幾分鐘寶貴的睡眠，於是歡迎他爬上你的床！

不曾破例的請舉手！

當孩子生病而且必須看顧他的時候，跟他一起睡比較安全；感覺到他晚上偷偷摸摸滑進我們的被窩，貼在我們身上愉快打呼，那感覺好甜蜜；在我們很疲倦，明天又要早起的情況下，能感覺到他馬上睡著，省得我們起床十次，這麼做好多了！總而言之，破例實在好容易！

 須知

如果孩子沒有半點正當理由，
你就讓他跟你們睡，
最後會讓他深信
他需要你們才睡得著，
也失去了自主能力，
而這是很辛苦才能獲得的能力。

為什麼不能繼續陪睡下去？

好理由有千千萬萬個，其中最容易理解的就是因為被手指戳到眼睛，或是髒兮兮的安撫娃娃一整晚都放在你臉上，實在很不舒服，而且因為孩子睡覺呈大字形，占掉所有位置，因此你總是睡睡醒醒。也因為你再也沒有私人生活，或是夫妻生活了！

要如何重建秩序呢？

只要跟孩子解釋沒辦法再繼續陪他睡，你非常愛他，只是需要晚上跟另一半待在一起，再說你們明天早上就會見到面了。如果他又過來碰碰運氣，因為他鐵定會，你們要溫柔但堅定的輪流帶他回房間，需要多少次就多少次，讓他明白完全沒有討價還價的餘地。千萬不要有罪惡感。這是再正常不過的事，而且你還給了孩子獨力建立自我的可能性。

魔法床墊

如果習慣已經根深蒂固了，要帶他回他自己的床上，讓他留在那裡，實在難如登天，那就使用魔法床墊的技巧吧。

我們的建議：

在開始魔法床墊這段旅程之前，
試著用他的安撫娃娃當誘餌。
晚上把這個小東西放在他床上，
告訴他它在等他一起睡覺，
因為它喜歡待在那裡。

- 在你的房間放一張床墊，讓他繼續睡在離你不遠的地方，可是不和你一起睡。設法讓那張床睡起來不太舒服，像是給他一個充氣床墊或是一張躺椅，讓他明白這是暫時的解決之道。

- 每一晚都讓他的床墊離你的床遠一點，直到有一天抵達終點站：他的房間！

- 一旦他又回到他的房間，頭幾天晚上，可以讓晚間儀式持續得比必要時間久一點。

- 要稱讚他每一次的進步，用「你長大了耶」來打動他。

夜間好朋友

和孩子一起製作一個朋友，幫助他不再需要你的陪伴。

- 請他選一個他喜歡抱著睡覺的填充玩偶、布娃娃或是模型人物。

- 讓這個娃娃穿上你的 T 恤或絲巾，最好是穿戴過的。不然就噴上你的香水。如果他想到自己孤單一人，你不在身邊，就開始焦慮的話，娃娃的味道會讓孩子安心。

尿床了！

家裡風平浪靜了很久，直到有一天晚上，孩子尿床了。你認為孩子一定是太累，睡得太熟了，沒捕捉到平時的警訊。可是這個惡夢卻重新開始了……而且一再出現！

尿床並非很罕見的癥狀

　　夜間遺尿是「尿床」的時髦名稱，五至十歲兒童有一成出現這種癥狀，尤其是男孩子。所以如果你的孩子會尿床，並不是特例。就算得在大半夜換掉整套寢具一點也不好過，更別說還要洗澡、換掉整套睡衣，也不可以責怪他。

須知

夜間遺尿也有遺傳性的原因。
事實上，有百分之三十
至六十的案例，
其他家庭成員也有同樣的問題。

*資料來源：www.ameli.fr

原因

　　孩子已經是懂得下意識控制膀胱的年齡，卻還是發生這類意外，通常是心理的因素：壓力太大，或家中出現重大改變，像是學業失敗、新生兒、分離、疾病、死亡。

　　如果不是這樣，那尿床的原因可能是功能性的：泌尿系統異常、膀胱小於常人、糖尿病、便祕……如果有需要，醫生會知道如何幫助你們。

後果

　　除了打擊到士氣，再加上可以想見造成自尊心低落，孩子還可能會累積疲勞，對心情、健康、注意力、課業（見第10頁）造成相當程度的影響。甚至沒臉面對你與他的朋友，並因此不敢再去朋友家過夜。

天助自助者

- 保持平靜、耐心、溫柔，儘管會令你神經疲勞，難以忍受。

- 要注意他晚上沒喝太多水，而且睡覺前去上過廁所。

- 在他房間裡留一盞夜燈，讓他可以在需要時，輕易找到去廁所的路。

- 在他的床墊上罩一條防水床單，然後是一條毛巾，這樣能更有效吸收尿液。

- 如果他夠大的話，拿出一條床單、毛巾和一套乾淨的睡衣，讓他可以在發生意外的時候自己解決。

- 不要強迫他晚上洗澡。等到早上再洗。

- 如果情況依然沒有停止，問問醫生的建議。

驅逐壓力

在晚間儀式之後準備睡覺時，請他閉上眼睛，告訴他：

- 想像你登上熱汽球，坐著它慢慢升空。

- 你看著地面慢慢遠離，可是你覺得很舒服。

- 景色美不勝收，很安靜。

- 這個熱汽球裡有一張紙和一支筆。拿起它們，在紙上面寫下或畫下你壓力、讓你擔心或是難過的束西。

- 把紙揉成一顆球，從熱汽球裡面把它丟出去。

- 看著它消失在遠方。

- 你感覺很輕盈，鬆了一口氣。

- 熱汽球降落，把你放回床上。

- 晚安！

驅逐壓力活動變化版

買一本漂亮的筆記本給他，
你稱它為「煩惱筆記」。
如果孩子會寫字了，
請他每天晚上寫下或是畫下讓他
焦慮、緊張的東西，
不要留在腦子裡。
接著把筆記本
放在他房間某處，
告訴他，我們總是會在睡覺的時候
找到解決這些問題的辦法。
這樣你也可以知道
讓孩子無法反應
或是擾亂他的事是什麼。

他離不開他的
拇指／奶嘴／安撫娃娃

就算孩子已經不會帶著奶嘴或安撫娃娃四處走動，一到晚上，他仍舊會無比歡喜的與他的舊奶嘴，或發出令人作嘔惡臭的安撫娃娃相逢。不然就是幸福洋溢的把拇指塞進嘴巴裡，而你一想到吸拇指會損壞他的牙齒，就焦慮得不得了。

最佳撫慰物品

吸奶的需求，是一種早在出生以前就出現的強烈反射動作，能安撫寶寶，幫助他們靜下來，獨自入睡。就是因為這樣，就算是最猶豫不決的父母，都在孩子出生幾天後衝向最近的藥局去買聖杯——奶嘴，在孩子吸拇指或是安撫娃娃之前先救救急！

為什麼專家會建議
在某個年齡戒掉？

據法國齒顎矯正協會的說法，拇指會把牙齒往前推。但問題不只這樣！拇指也會干擾吞嚥、呼吸和語言的正常發展，還有奶嘴，甚至安撫娃娃或是孩子吸吮的襁褓也一樣。最後，吸奶一直吸到很晚的孩子，都會有過於狹窄、凹陷的上顎，下顎卻不夠寬，所以牙齒一定會長歪。

不要慌張！

許多青少年甚至成年人，都還保留自己原先的安撫娃娃，即一個到處縫縫補補的破爛娃娃，或者是新的安撫娃娃：舊T恤、枕頭……。這樣的物品令人想起童年，以及我們跟父母在一起時的安全感。這些物品過去的歷史，可以在我們害怕獨處、晚上睡覺焦慮難安的時候，安撫我們。

須知

古代就有
由珊瑚、糖、黏土做成的奶嘴了。
今天有百分之八十的孩子吸奶嘴，
百分之十三的孩子吸手指頭*。
專家建議戒奶嘴的年齡是三歲。

* 資料來源：法國尼斯大學的齒顎矯正科
在幼兒園做的研究

「奶嘴，走開！」

我們的建議：

孩子吸拇指的話，
你也可以小小挑戰試試看戒除。
如果全都沒有用，
就像戒奶嘴一樣的方法，
帶他去牙醫那裡，
讓牙醫跟他解釋長期下來的影響。
當然不要嚇壞他！
無論孩子是吸拇指還是吸奶嘴，
都不要把戒掉兩者變成一種強迫念頭。
他總有一天會準備好，
就會放開他的拇指。

- 跟孩子商量在他的生日前戒掉奶嘴，他就可以得到一份「大」禮。

- 提議孩子把奶嘴留給聖誕老公公，或是留給復活節的鐘*。

- 問問他覺得「把奶嘴寄給某個沒有奶嘴的寶寶」如何。

- 建議他把奶嘴放進一個漂亮的盒子裡，再把盒子放在一個看得見可是拿不到的地方。

- 最後一招，帶他去齒顎矯正師那裡，因為專家說的話經常比父母說的話有分量。

小提醒

儘管你在孩子還是嬰兒的時候就都設想好了，也多買了四個一模一樣的安撫娃娃，但很神奇的是，孩子仍然只偏愛其中一個。所以過了幾年之後，你家裡有四個嶄新的安撫娃娃，還有一個獨眼、褪色、臭烘烘的布娃娃，更可怕的是它剛剛掉了一隻腿或一隻耳朵。你當然可以期待它有一天會壽終正寢……只不過更有可能的是，你應該化身變身怪醫，拿起針線，勉強讓它起死回生。一次、兩次、三次……接著，到了娃娃的臉被整型得人不像人，鬼不像鬼，再也沒辦法動手術的那一天，你只得把它身上某一部分縫在它的接替者上面，讓這場交接容易一點。

---

* 在法國，傳說是由飄飛的教堂大鐘帶來彩蛋，將其從空中掉下當作禮物。

換成夏令時間怎麼辦？

一切都進行得很好，或者有改善了，直到你心不在焉的打開收音機，聽見年輕父母最怕聽到的一句話：「別忘記，這個週末我們要換成夏令時間*囉！所以一定要把手錶往前調一個小時唷！」

一個歷久不衰的古老做法

一九七〇年代第一次石油危機之後，歐美多國開始實施夏令時間轉換，目的是讓日常活動時間符合日照時間，節省能源。儘管常常受到批評，這個做法仍一直沿用至今。

短短一小時
就改變一切

你已經度過五歲、八歲、十歲的難關很久了，卻依然強烈感覺到夏令時間轉換的衝擊，特別是一到春天就不可能睡得著覺，搞得接下來幾天疲勞得要命。

這影響到你的心情、睡眠品質、胃口、精神。由此可見這對孩子的影響會有多大！

轉換成夏令時間的可怕過程

雖然夏令時間預告了陽光、溫暖和暑假，但轉換的過程對孩子來說，相當擾人，因為夜晚變得比較短。為了幫助孩子好好應付這個情況，在他的房間安裝遮光性高的窗簾，這樣天光就不會害他無法入睡。等天黑了再拉開窗簾，讓隔天一早的天光叫醒他，讓他精神抖擻。

> **須知**
>
> 成年人需要三或四天來習慣時間的轉換，調整他的生理時鐘。孩子則會用上七天！

---

* 歐洲國家每年三月最後一個週日的凌晨兩點，將時間撥快一小時，換成夏令時間；一直到十月最後一個週日的凌晨三點，將時間撥慢一小時，換成冬令時間。

重新調整吧！

小提醒

盡可能在開學前一個禮拜，
運用前述建議，
來調整孩子收假後的上學節奏。

- 逐步調整一天當中的重要時刻，例如用餐時間、泡澡時間、睡覺時間、起床時間……

- 讓他做運動，最好是在一天之始。

- 晚上八點以後要避免所有刺激性活動，即使外面天還亮著。

- 晚上不要給他吃甜食，會讓他興奮。

- 維持一樣的晚間慣例。

- 保持沉著：如果夏令時間的轉換令你氣惱，也極有可能令孩子氣惱。

- 要有耐性，要體諒。

活 動　**瑜伽讓人平靜好眠**

做這些動作的時候，
盡可能閉上眼睛。

- 站立，雙腳打開，雙手高舉並吸氣，對自己說「我很平靜」。雙手放下在身體兩側，同時吐氣。

- 站立，雙腳打開，重心擺在腳底，雙手往兩旁打開，對自己說「我很輕盈」。

- 站立，雙腿併攏，雙手放在身體兩側，吸氣，挺胸。吐氣的時候，舉起右臂向天，身體往左側傾斜。吸氣的時候，身體回到一開始的位置。吐氣時，換另一邊做一樣的動作，並告訴自己「我很平和」。

- 雙腿交叉盤腿坐，身體挺直，肩膀向後，雙手在心臟前合十，告訴自己「我很安全」。

- 跪姿。吸氣的時候把雙手往後伸，屁股維持在空中。吐氣的時候把額頭貼在地面，告訴自己「我很放鬆」。

- 額頭依然貼在地面，屁股放在腳跟上，雙臂向前伸，對自己說「我在休息」。

- 雙臂回到身體兩側，平靜吸氣幾秒，對自己說「我會睡個好覺」。

兩個孩子同房

房價那麼高，因此家中不一定會有足夠的房間分給每個孩子。你的孩子必須跟兄弟或姊妹合住，這對他的睡眠問題一點幫助也沒有。

床鋪的選擇

你為了節省空間，或許會選擇上下鋪雙層床。有時候問題就是從那裡來。就像第 22 頁解釋的，「天花板太低」會製造壓迫感。而睡在上鋪的人會害怕掉下來，覺得自己全無防備……提議孩子換位置，看看睡不好的那個孩子會不會因此好睡一些。不然就盡可能讓他睡在一張高度正常的床上。

須知

兩個孩子睡在同一間房，
也可以是件令人安心的事。
孩子會感覺比較強大，
可以讓怪獸、惡龍和邪惡仙子等等，
還有可怕的惡夢消失！
而且等爸爸媽媽轉過身去，
還可以一起大笑。

他自己的角落

為了讓孩子睡好，他必須有一個自己的角落，感到愜意的地方。因此要在視覺上分開他和另一個孩子的空間，例如在地上貼一條彩色粗膠帶，或是放一座調整型中空書架，讓光線透進來，又或者安裝一道簾子，或是孩子需要獨處時可以攤開的屏風。

在高度監督下的共同區域

如果孩子的房間也用來當做遊戲室，給他們彩色的盒子或籃子，每個人一種顏色，讓他們可以輕易又快速的收拾自己的東西。也要在角落放一個「隨便丟籃子」，這樣孩子的東西才不至於散落一地。這樣的房間孩子會覺得比較舒服，尤其是其中一個有潔癖的時候。

來點個人化吧！

以下幾個點子，能幫助孩子對自己的角落有歸屬感：

- 把他房間的一面牆漆成他喜歡的顏色。

- 在一面牆上掛一幅他的大相片，或是寫有他的名字的牌子。

- 幫他釘一個照片鐵絲網或磁性板，讓他可以放上最喜歡的照片。

- 在他房間的牆壁、家具上貼上可移除貼紙，同時考量他的興趣：舞蹈、足球、飛機、公主、動物……

- 如果孩子必須分享同一件家具，最好挑沒有上過漆的，這樣就可以塗上兩種不同的顏色，視覺上就好像空間被分成兩半了，每個人有自己的門、抽屜和層板。

- 給他專屬自己的家具，最好是一張有抽屜的書桌，可以用鑰匙鎖起來的，讓他可以在裡面藏他的小祕密。

- 讓房間的裝飾與擺設隨著他的年齡及意願改變。

> **我們的建議：**
>
> 要讓孩子容易入睡，
> 要在老大睡前至少三十分鐘
> 先送老么上床。
> 如果他們睡在同一個房間，
> 允許他們小聲交談幾分鐘，
> 此舉會讓孩子平靜下來，
> 容易入睡。

共享房間時的好規矩

> 和孩子們
> 一起填寫。

- 晚上 _____ 點 _____ 分以後，我就不再發出聲音。

- 如果我要看書，我會打開光線柔和的小燈。

- 如果我晚上需要下床，我會用手電筒，這樣就不必打開大燈。

- 我晚上會在兄弟姊妹睡覺之前，先整理好我的東西。

- 我不會把東西亂丟在地上。

- 如果我比兄弟姊妹晚睡，我會盡可能把動作放輕。

- 過了某個時間之後，我們就不能再拿枕頭或填充玩偶來打仗。不然它們會被沒收。

外宿

孩子都是習慣的動物。給他們的界線越明確，像是固定的時間和儀式，他們越有安全感。因此，當他們因為某個理由必須外宿的時候，原先的平衡會全部開始搖搖欲墜，有時候最後會垮掉。

你的最佳利器：事先準備

為了幫孩子準備改變，就要跟他解釋他要去哪裡，為什麼，和誰一起，他要在那裡做什麼，他要在哪裡、在什麼時候睡覺，還有誰會看顧他。請他幫忙準備行李，塞一些會幫助他睡個好覺的東西，例如安撫娃娃、填充玩偶、最喜歡的睡衣、音樂盒……

到了現場後需要採取的態度

讓他在對方家中繞一圈，熟悉環境，跟他解釋你人會在哪裡，並且讓他在正常的時間去睡覺。盡可能讓他睡在遠離喧嘩或音樂的房間。就算你超想要加入其他人，也要保持心平氣和，遵守他的習慣，並且在離開的時候把門打開一點，讓他可以聽見你的聲音。如果他叫你，你可以回來看他，用平靜但堅定的口氣讓他安心。

第一次晚上單獨跟祖父母待在陌生的地方

他們抵達租來的度假屋時已經很晚了。對孩子來說，這一切都新鮮：聲音、氣味、物品、陰影……這是他出門在外而你沒有陪在身邊的頭一晚，為了讓孩子能順利度過，建議孩子的祖父母在自己的房間裡放一張行軍床給孩子，藉口是他們沒時間把一切準備好。這會讓孩子安心，而他也可以在天光下探索房間。也要提醒祖父母，要嚴格執行你的或是他們的慣例。

我們的建議：

你跟伴侶受邀參加派對或聖誕夜大餐，
而且歡迎小孩同行？
太好了……才怪！
如果你真的很想過一個
很棒的夜晚，
還是把孩子託給臨時保姆
或祖父母比較好。

為了讓孩子在別處也能安睡的必備之物

- 他習慣抱著睡覺的夜間同伴：安撫娃娃、填充玩偶、夜燈、夜間好朋友（見第 59 頁）。

- 他最喜歡的睡衣。

- 他的枕頭。

- 如果還有其他孩子也要睡在同一個房間，最好帶一張小的充氣床墊或是舒服的泡沫塑料床墊。

- 一條他習慣的柔軟被子，如果需要保暖的話。

- 如果他要去很遠的地方待很久，帶一張你、兄弟姊妹、寵物等的照片。

- 幫他打發時間的東西：書、可以安安靜靜玩的小遊戲。

- 他的盥洗用品，特別是他的牙刷和牙膏，這些都是他的晚間慣例的一部分。

瑜珈戰士體式

教孩子這個瑜伽體式。當他睡在離你很遠的地方，這個動作會帶給他勇氣。

- 左腳往前踏一大步。拉伸雙腿，但不要拉傷膝蓋。腳要好好放在地上。

- 吸氣的時候，膝蓋微微向前彎曲，雙臂伸直高舉。

- 平靜呼吸，維持這個姿勢，直視前方。

- 如果你知道右側的戰士真言，想要的時候，可以在心中背誦。

- 結束後，或是你不想再做了，就把手臂放下來，同時吐氣，接著雙腿併攏。

戰士真言

教孩子背誦這個真言。
不然就用它來編
你們自己的真言。

我是喜樂與美。
我是力量。
我有勇氣。
我有勇氣。
我很安全。
我被愛。

安撫娃娃不見了！

你翻遍整個家，連最不可能的地方都看過了，也打電話給祖父母、臨時保姆……沒有！我們不得不承認：安撫娃娃跑了。

人間慘劇

還記得升上六年級的開學前一晚，你勇敢的把舊安撫娃娃放進床腳下，表示你進入大人世界。可是你實在想念它，或認為它很可憐，結果忍耐了多久才把它拿回來？兩、三分鐘？的確，搞丟安撫娃娃簡直慘上加慘，因為我們不只失去了「天然鎮靜劑」，還要為它擔心。

安撫娃娃是充滿耐心、富創造性、幽默……又能交心的寶貝

一開始先讓孩子看見你深感同情，當然不必到熱淚縱橫的地步。告訴他安撫娃娃這個調皮鬼一定是在跟他開玩笑，躲得這麼好，害我們都找不到……說你明天會再找。

但是不要承諾他奇蹟會出現，免得讓他失望，從此不再相信你了。

我們的建議：
為了不要弄丟安撫娃娃，或是可以很快找到，在上面寫下或繡上你的電話號碼。

替代方案

在拿到安撫娃娃之前，建議他找另一個娃娃代替。假如你在他還是嬰兒的時候，靈機一動，買了好幾個一模一樣的安撫娃娃，現在是拿出一個來用的時候了。不然就請他從填充玩偶中，選出一個新的夜間同伴，然後讓它穿上你的衣服。不妨稍微延長一下晚間儀式，僅只一次而已。接下來用力親吻孩子，提醒他你會看護他，並且在離開他房間的時候，稱讚他很勇敢。

如果一直找不到安撫娃娃，要遵循以下步驟：

- 在法國的話，打電話給你所居住城市的失物招領中心，在 www.sosdoudou.com 網站申請尋物啟示，或在臉書上張貼訊息，或者在類似「安撫娃娃不見啦」、「我的安撫娃娃在哪裡？」這類帳號的推特上發布訊息。什麼事都有可能發生……

- 如果找不到安撫娃娃，要跟孩子説實話：很不幸的，他的安撫娃娃不見了。

- 不要責怪他，像是「如果你有注意

的話，就不會發生這種事了！」

- 跟他説如果他需要安慰，你就在那裡，讓他安心。

- 提議他去店裡買另一個安撫娃娃，如果可能的話，買同樣的。

- 跟他解釋等我們長大，遲早要和安撫娃娃分開，跟他分享一些實例（你自己、他認識的某個孩子……）。告訴他，我們之後就不需要安撫娃娃了，可是跟安撫娃娃一起的回憶還是很美好。

送走悲傷的冥想

請孩子躺在地板上，雙腿和雙臂微微張開，閉上眼睛，雙手放在肚子上，聽你的指令。

- 吸氣的時候脹大肚子，聽我數到三。想像是一顆汽球在膨脹。

- 吐氣時肚子瘴掉，聽我數到五。想像是一顆汽球瘴掉。做好幾次。

- 現在吸氣，同時把你所有擔憂充氣給汽球。

- 吐氣，同時讓汽球升空。

- 重新開始：吸氣，同時把你所有悲傷充氣給氣球。

- 吐氣，讓汽球升空。根據需要發洩的情緒狀態，有必要的話，多重覆幾次也沒關係。

- 觀察空中的汽球，想像它們的形狀、顏色、大小……接下來看著汽球往星星飄過去，消失在遠方。

- 維持一下這個狀態，等你想要張開眼睛的時候再張開。

他離不開螢幕

在你家，孩子睡眠最大的敵人，就是電子產品的螢幕。問題是孩子不能沒有它，而且如果你禁止他看螢幕，他會很難過、垂頭喪氣，或是乾脆發起脾氣來！

超級有效的保姆

直接承認吧，哪個父母不曾有一天破例，把平板或手機塞進孩子的手裡，讓自己耳根清淨一下？當然，身為有責任感的父母，我們會選擇他看的影片、他玩的遊戲，可是我們經常忘記最重要的事，就是限制時間。

戒除過度使用螢幕的習慣非常有益

第 18 頁解釋過，螢幕釋放的藍光會干擾褪黑激素的生成，即睡眠荷爾蒙。可是問題還不只這樣：根據多倫多大學二〇一七年五月的研究，孩子待在螢幕前的時間越長，他的語言發展越遲緩。許許多多其他的研究也顯示，「數位狂熱症」對專注力、學業、付出努力有負面的影響，而且大幅減少對孩子身心發展很重要的其他活動的時間，例如玩遊戲、閱讀、交談⋯⋯

推翻不實的藉口

常言道「有備無患」，以下幾個範例是孩子為了待在螢幕前，會給你的蹩腳藉口：

- 遊戲結束之前我沒辦法存檔。
- 如果我不常玩，之前玩過的紀錄都會不見了。
- 我們有一群人在玩，我的同伴沒有我不行。
- 我不玩的話，我的電玩人物會死掉。
- 沒有，我才沒有玩了一個小時呢，只有半小時而已。

由於你沒有在他開始玩的時候看時間，這下語塞了！

挑戰：一個週末沒有螢幕

單獨或是組隊玩，由父母來對抗孩子。

遊戲規則：除非因為健康、工作或急迫的要事，否則禁止使用螢幕。所以沒有簡訊、沒有電子郵件、沒有遊戲、沒有影片。

得分規則：一天可以贏三分，早上一分，下午一分，晚上一分。

獎品：如果是大人贏，輸的孩子週末要端早餐到父母的房間裡。如果孩子贏，輸的那個大人要出錢讓其他人出去玩，如看電影、吃冰淇淋、溜冰等。

另一個方案：趁著放假的時候挑戰五天、一週甚至十天，同時讓獎品更加吸引人。

你對螢幕上癮的跡象

- 你只對這個有興趣。
- 以前你有興趣的事，現在你都沒興趣了，像是閱讀、運動、畫圖等。
- 我們叫你停下來的時候，你就發脾氣。
- 我們不准你看螢幕的時候，你就很失望或很生氣。
- 你偷看螢幕。
- 你一直想著它。

- 當你這一天過得很糟的時候，螢幕會幫助你轉換思緒。
- 螢幕是你和兄弟姊妹吵架的原因。
- 螢幕把你變得很粗暴。
- 螢幕讓你說髒話。
- 螢幕讓你在輸的時候變得很難過。

我們的建議：

與其硬性規定每天可以使用
電子產品的時間，
不如試試平日禁止孩子使用，
到了週末讓他自己做主，
可是要告訴他，如果太過火，
你會請他停下來，去做其他事。
當然他會抱怨，
可是他很快就會明白這個新的運作模式，
而且看到當中的好處。

處理特例的十條黃金守則

1. 讓戒奶嘴這件事容易一些

要幫助孩子慢慢戒掉奶嘴，一開始只有休息時間，還有全家心平氣和的晚間時段，才能吸奶嘴。

2. 近距離留意他的安撫娃娃

為了避免搞丟安撫娃娃，不要讓孩子帶著它四處走動。就像奶嘴一樣，把安撫娃娃留給休息期間專用。這也可以避免安撫娃娃沾染灰塵，以及無所不在的細菌！

如果你們必須帶著安撫娃娃一起旅行，可以購買或製作一條安撫娃娃繫帶，這樣安撫娃娃就會在移動中一直跟孩子連在一起，作法請見下方。當你們離開一個地方，把安撫娃娃寫進檢查清單中：證件、金融卡、充電器……

安撫娃娃繫帶

材料：
  – 漂亮的布
  – 兩個夾扣
- 剪兩條 27x5 公分的布條。
- 在寬的那一邊，於 5 公釐處摺起，用大頭針固定。
- 將兩條布條反面對著反面擺放，固定。
- 在兩條布條細的那一邊，於 5 公釐處摺起，兩側各塞進一個夾扣。

用大頭針固定。

- 手縫或機縫。
- 不要忘記繡上你的電話號碼。

3.　找到其他的陪睡方案

你想念陪睡嗎？與其晚上再把孩子抱回你的床上，再次陷入難以脫身的惡性循環，不如把握其他任何一丁點機會擁抱他……也允許他星期日早上某個時間後，可以過來抱抱你。

4.　從「半夜尿床災難」中倖存

孩子晚上常尿尿嗎？為了避免半夜換整套寢具的麻煩，可以在床上多墊幾層：防水床包、床單、另一條防水床包、另一條床單。這樣一來，半夜出現意外的時候，只要拿掉尿濕的部分就好了。這個舉手之勞會讓你和孩子更處之泰然。

5.　如何在各種狀況下保持沉著？

你也知道，**如果對孩子發脾氣，事情只會變得更糟糕而已**。所以下次你感覺怒火中燒的時候：

- 慢慢數到十，專注在呼吸上。
- 微笑。
- 想著和他一起的美好時刻。
- 對他輕聲慢慢說話，聲音堅定沉著。

6. 預防小疾病與小意外

為了面對各式各樣總是會在不該來的時候來的麻煩事，例如，好死不死，星期六晚上醫生都去度週末，而且最近的值班藥局在五十公里外的地方，請為自己準備一個基本藥箱：

- 要盡可能量到最精確的體溫，就要準備一支肛溫溫度計
- 止瀉劑
- 沒有咖啡因的可樂
- 面紙
- 海水噴鼻劑
- 舒緩喉嚨的喉糖
- 糖漿式或塞劑式的普拿疼
- 對抗腹痛的斯帕豐（Spasfon）
- 眼睛刺癢可用的單劑式點眼液
- 抗過敏藥
- 燙傷藥膏

為了要確定夏天晚上過得平靜：
- 防蚊用品
- 對抗蟲咬的止癢藥膏

7. 如果有需要，就要加強執行

他生病的時候，晚上陪在他身邊很久，或是他睡在你房間裡，都是很正常的事，可是現在一切都上了軌道，結束了！趕快恢復好習慣吧。

8. 如何安然度過時差帶來的不適？

你們必須到地球的另一端去度假？從西往東的旅行最難熬，所以這裡有一些盡可能好好應付時差的辦法。

- 準備受苦：時差對孩子的影響可以持續三至九日。
- 選擇早上抵達目的地的航班。
- 抵達時，在良好的環境條件下，預備休息個一、兩天：旅館房間要分開，環境安靜，床要舒服。
- 一抵達立刻換時間，但是頭幾天要在另一個鐘錶上保留原來的時間，這樣才能一眼就知道你們現在的狀況。
- 要提振孩子的精神，就要給他吃新鮮水果，或是去太陽底下散步。
- 讓孩子小睡補眠，盡快讓孩子適應當地時間。
- 頭幾天不要安排太多活動。
- 讓他吃健康且多樣化的餐點，讓他喝很多的水。

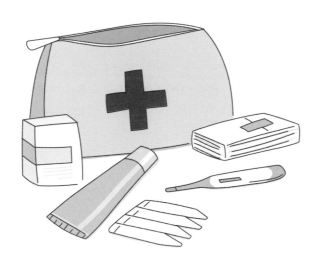

9.　不要隨便讓孩子看螢幕！

從精神科醫生塞吉 · 提斯宏（Serge Tisseron）制訂的規定中尋找靈感，創造你們自己的規定：

- **六歲前**不能玩電動玩具。電腦與平板則必須和大人一起使用，而且要搭配傳統玩具，或是把電腦、平板作為學習工具。
- **九歲起**才能上網，可是要有大人陪同。
- **九歲至十二歲之前**不能擁有手機。
- **十二歲之前**不能單獨上網，而且要固定時段，或在他使用的機器上設定時限，並裝設父母監控軟體。
- 無論是什麼樣子的螢幕，甚至是電視機，當然都不可以放在他的房間裡！

10.　當心新科技

你也許會下載應用程式來計算經期，評估睡眠品質，甚至用來追蹤孩子或你自己晚上的睡眠過程，還自以為做得好。問題是這些應用程式很少會可靠，因為沒有比在頭上貼上電極更能有效追蹤睡眠！再說，如果我們相信可靠的《臨床睡眠醫學期刊》（第十三冊，第二期），這些應用程式也可能害你上癮……就像孩子對他的安撫娃娃上癮一樣！

幫孩子打好睡眠基礎：

30 條黃金守則，建立 2～8 歲孩子的安全感和生活規律
Aider son enfant à bien dormir

作　　　者	菲德莉克‧寇爾‧蒙太古（Frédérique Corre Montagu）
插　　　畫	克蕾蒙斯‧丹尼葉（Clémence Daniel）
譯　　　者	張喬玟
美術設計	呂德芬
編輯協力	吳佩芬
內頁構成	高巧怡
行銷企畫	林芳如
企畫統籌	駱漢琦
業務發行	邱紹溢
業務統籌	郭其彬
行銷統籌	何維民
責任編輯	張貝雯
副總編輯	何維民
總　編　輯	李亞南

國家圖書館出版品預行編目資料

幫孩子打好睡眠基礎：30 條黃金守則，建立 2～8 歲
孩子的安全感和生活規律／菲德莉克‧寇爾‧蒙太古
（Frédérique Corre Montagu）著；張喬玟譯．— 初版．
— 台北市：地平線文化出版／漫遊者文化出版：大雁文
化發行, 2019.11
80 面 ； 17×23 公分
　譯自 Aider son enfant à bien dormir
　ISBN 978-986-98393-0-3(平裝)
1. 育兒 2. 睡眠
428.4　　　　　　　　　　　　　　　　108017412

發 行 人	蘇拾平
出　　　版	地平線文化 漫遊者文化事業股份有限公司
地　　　址	台北市松山區復興北路三三一號四樓
電　　　話	（02）27152022
傳　　　真	（02）27152021
讀者服務信箱	service@azothbooks.com
漫遊者臉書	www.facebook.com/azothbooks.read
劃撥帳號	50022001
戶　　　名	漫遊者文化事業股份有限公司

發　　　行	大雁文化事業股份有限公司
地　　　址	台北市松山區復興北路三三三號十一樓之四
初版一刷	2019 年 11 月
定　　　價	台幣 230 元
I S B N	978-986-98393-0-3